Das verkehrssichere Fahrrad

W0351936

1. Vorderradbremse
2. Hinterradbremse
3. Scheinwerfer mit weißem Reflektor
4. Schlussleuchte mit rotem Rückstrahler
5. Dynamo
6. roter Reflektor (hinten)
7. Speichenreflektoren/ Reifenreflektoren
8. Pedalreflektoren
9. Klingel

Schreibe die richtigen Ziffern in die Kreise.

Einige Teile am Fahrrad sind bei Dunkelheit und schlechter Sicht besonders wichtig für deine Sicherheit.

Welche Teile fehlen? Kreise ein, wo etwas fehlt.

Das betriebssichere Fahrrad

Mache mit deinen Eltern eine intensive Sicherheitsüberprüfung deines Fahrrades!

Teile am Fahrrad, die regelmäßig überprüft werden müssen	**alles in Ordnung**	**muss repariert/ ergänzt werden**
Reifen		
Ist der Lufdruck vorne und hinten in Ordnung?		
Sind alle Speichen fest?		
Sind die Radmuttern und Ventilschrauben fest angezogen?		
Reicht das Reifenprofil aus?		
Bremsen		
Hast du zwei voneinander unabhängige		
Kannst du mit der Hand den Bremshebel gut erreichen?		
Ist beim Bremsen der Abstand des Bremshebels zum Lenkergriff in Ordnung?		
Ist die Bremse leichtgängig?		
Sind die Bremsbeläge noch ausreichend?		
Rahmen		
Stimmt die Höhe von Sattel und Lenker?		
Sind Sattel und Lenker fest angezogen?		
Sind alle übrigen Schrauben fest angezogen?		
Ist die Klingel gut erreichbar und helltönend?		
Beleuchtung		
Sind alle Reflektoren und Leuchten vorhanden und sauber?		
Funktionieren Scheinwerfer, Schlussleuchten und Reflektoren?		
Ist die Isolierung an den Kabeln in Ordnung?		
Sitzen alle Kabelanschlüsse fest?		
Funktioniert der Dynamo richtig?		
Antrieb		
Ist die Kettenspannung in Ordnung?		
Ist die Kette sauber und geölt?		
Ist die Gangschaltung in Ordnung?		
Sind die Pedalen in Ordnung?		
Allgemeines		
Ist das Flickzeug vollständig?		
Ist die Luftpumpe vorhanden?		
Klappern die Schutzbleche?		
Funktioniert das Fahrradschloss?		
Ist dein Fahrrad kodiert?		
Hast du für dein Fahrrad einen Fahrradpass?		

Merke! Manche Reparaturen (z. B. Bremsbeläge erneuern) muss ein Fachmann machen.

Nicht nur dein Fahrrad muss betriebssicher sein!
Wie sieht es mit deiner Betriebssicherheit aus?

Hast du einen Fahrradhelm?
Sitzt dein Helm richtig?
Kreuze an, wie der Helm richtig sitzen muss.

Hast du Regenkleidung, die du auf dem Fahrrad trägst?
Welche Farben sind gut geeignet, welche weniger?
Kreuze die richtige Kleidung an.

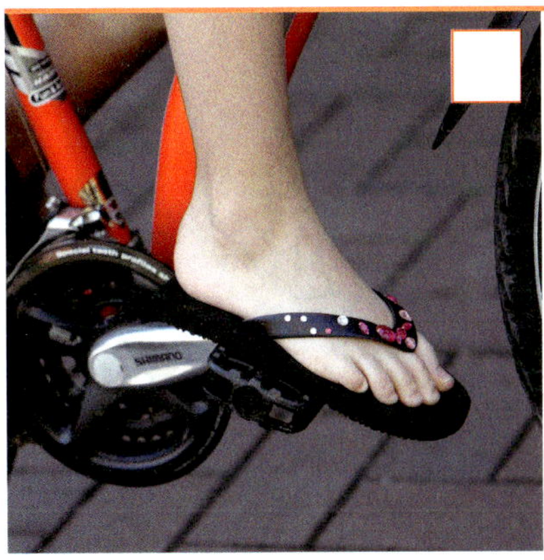

Auch richtige Schuhe erhöhen deine Betriebssicherheit.
Kreuze das Bild mit den sicheren Schuhen an.

Nicht alle Jacken sind beim Radfahren geeignet.
Kreuze an, welche Jacke nicht am Sattel hängen bleibt.

Sicher anfahren

Wenn du aus einem Grundstück oder aus einem verkehrsberuhigten Bereich anfahren willst, solltest du Folgendes beachten:

1. Schiebe das Fahrrad bis zur Bordsteinkante und achte dabei auf andere Verkehrsteilnehmer.
2. Stelle dein Fahrrad in Fahrtrichtung an den rechten Fahrbahnrand.
3. Achte auf die Pedalstellung. Ein Pedal muss oben sein.
4. Sieh dich nach hinten links um und gib links Handzeichen.
5. Wenn die Fahrbahn frei ist, fahre mit beiden Händen am Lenker los.

Was wird hier falsch gemacht?

____

____

____

____

____

____

____

____

____

____

____

____

Rechts fahren

Zu ihrer eigenen Sicherheit sollten Radfahrer immer nah am rechten Fahrbahnrand fahren.

Im verkehrsberuhigten Bereich (zum Beispiel in Spielstraßen) dürfen Radfahrer nebeneinander fahren.

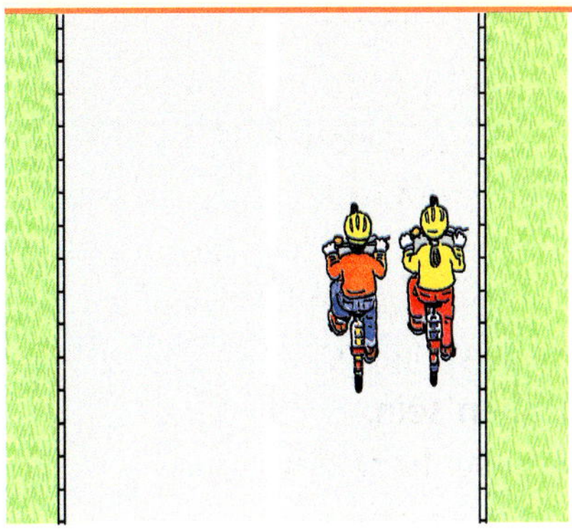
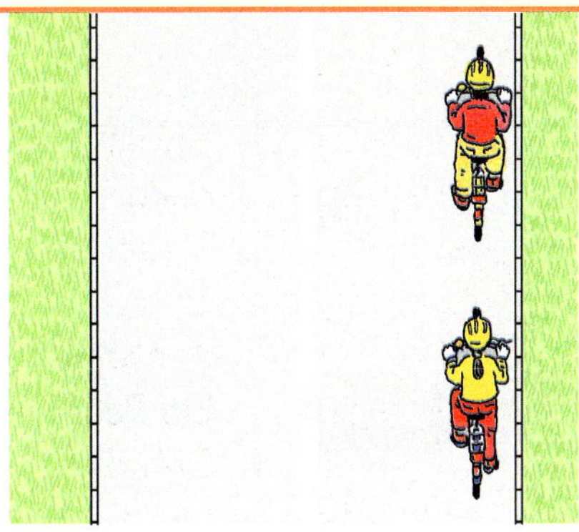

☐ Auf Landstraßen dürfen Radfahrer nebeneinander fahren.

☐ Im verkehrsberuhigten Bereich dürfen Radfahrer nebeneinander fahren.

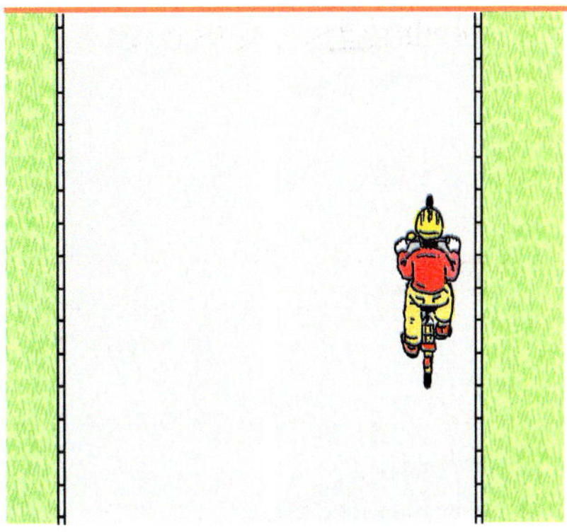

☐ Bei fehlendem Gegenverkehr dürfen Radfahrer auch in der Straßenmitte fahren.

☐ Wenn Radfahrer links abbiegen wollen, können sie sich zur Straßenmitte einordnen.

☐ Auf Radwegen, die in beiden Richtungen befahren werden dürfen, können Radfahrer nebeneinander fahren.

☐ Auf Radwegen, die nur in einer Richtung befahren werden dürfen, können Radfahrer nebeneinander fahren.

☐ Auf gemeinsamen Rad- und Fußwegen dürfen Radfahrer auch links fahren.

☐ Auf gemeinsamen Rad- und Fußwegen dürfen Radfahrer nur rechts fahren.

Nach rechts abbiegen

Die Vorfahrtregeln müssen von allen Verkehrsteilnehmern besonders an Kreuzungen beachtet werden.

Du musst sie beachten, wenn du selbst nach rechts abbiegen willst oder wenn andere nach rechts abbiegen wollen.

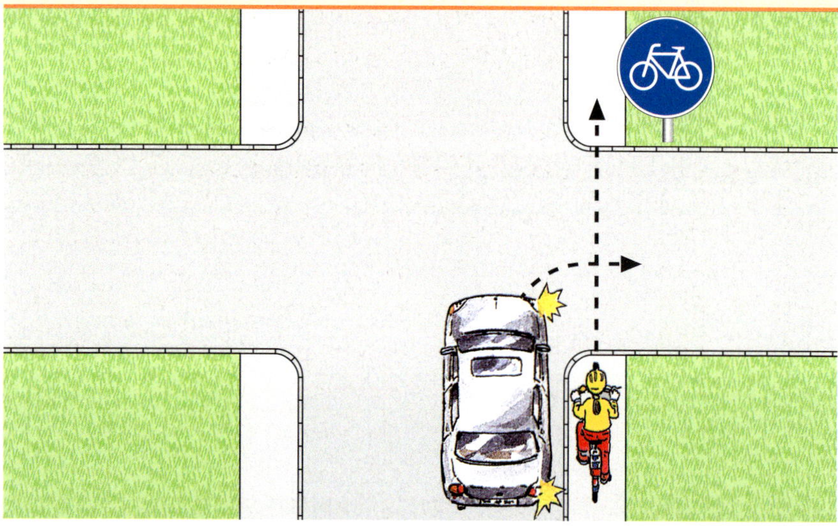

- ☐ Du bist bremsbereit, weil der Autofahrer dich übersehen könnte.
- ☐ Du hältst an und verzichtest auf die Vorfahrt. Du lässt das Auto vorbei.

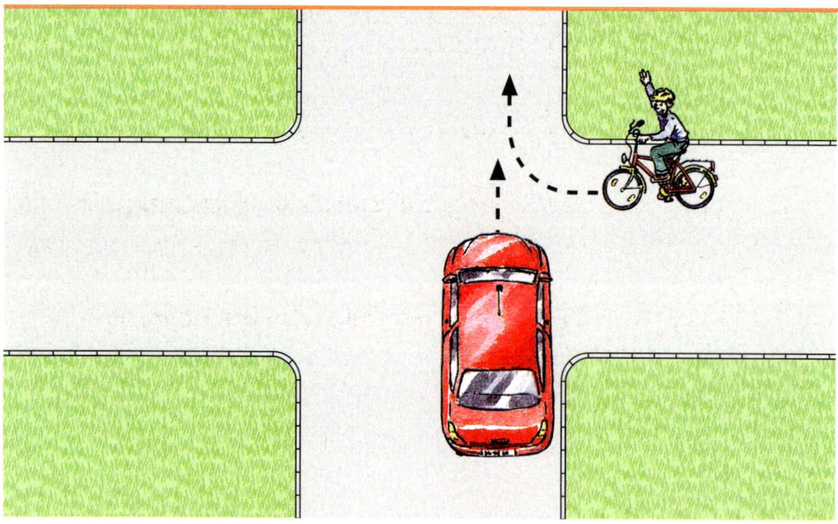

- ☐ Du bist bremsbereit und nimmst Blickkontakt auf, denn der Autofahrer könnte dich übersehen.
- ☐ Du kannst einfach durchfahren, weil der Autofahrer warten muss.

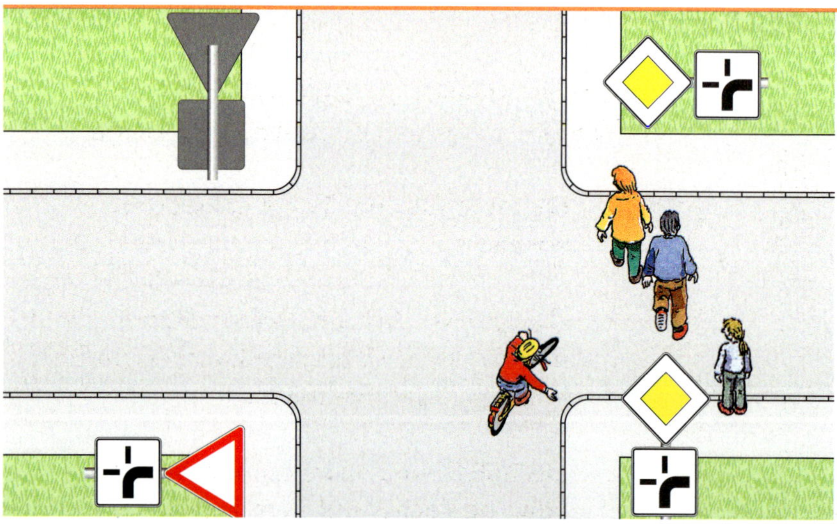

- ☐ Du schlängelst dich zwischen den Fußgängern hindurch.
- ☐ Du musst warten, bis die Fußgänger die Straße überquert haben.
- ☐ Du folgst der Vorfahrtsstraße und die Fußgänger müssen warten.

An Hindernissen vorbeifahren

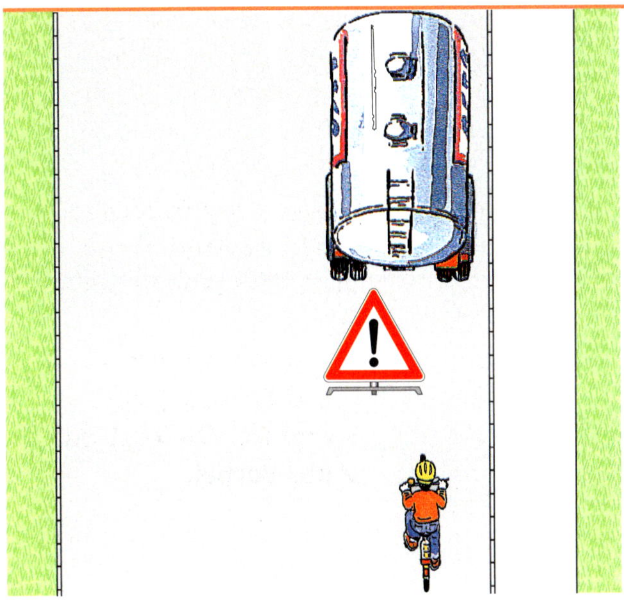

Der Tankwagen hat eine Panne.
Wie sollst du dich hier verhalten?

☐ Du kannst vorsichtig links an dem Hindernis vorbeifahren.

☐ Du kannst absteigen und das Fahrrad über den Fußweg schieben.

Die Baustelle versperrt den gesamten rechten Fahrstreifen. Worauf musst du hier besonders achten?

☐ Du musst auf den Gegenverkehr achten.

☐ Du musst auf Baustellenfahrzeuge achten.

☐ Du musst auf Bauarbeiter achten.

Das parkende Fahrzeug wird beladen.
Von hinten kommen weitere Fahrzeuge.

☐ Du klingelst und fährst links daran vorbei.

☐ Du schaust dich um. Wenn kein Verkehr nachfolgt, gibst du Handzeichen und fährst zur Straßenmitte.

☐ Du hältst vorsichtig an und schiebst dein Fahrrad rechts auf dem Fußweg daran vorbei.

An Hindernissen vorbeifahren

Baustellen oder parkende Autos auf der Fahrbahn können Hindernisse sein.

Da du manchmal bis zur Fahrbahnmitte ausweichen musst, ist das gefährlich.

1. nach hinten links umschauen
2. links Handzeichen geben
3. sich einordnen
4. den Gegenverkehr beachten
5. Sicherheitsabstand einhalten
6. nach rechts umschauen und Handzeichen nach rechts geben
7. sich rechts wieder einordnen

Schreibe die Ziffern an die richtige Stelle.

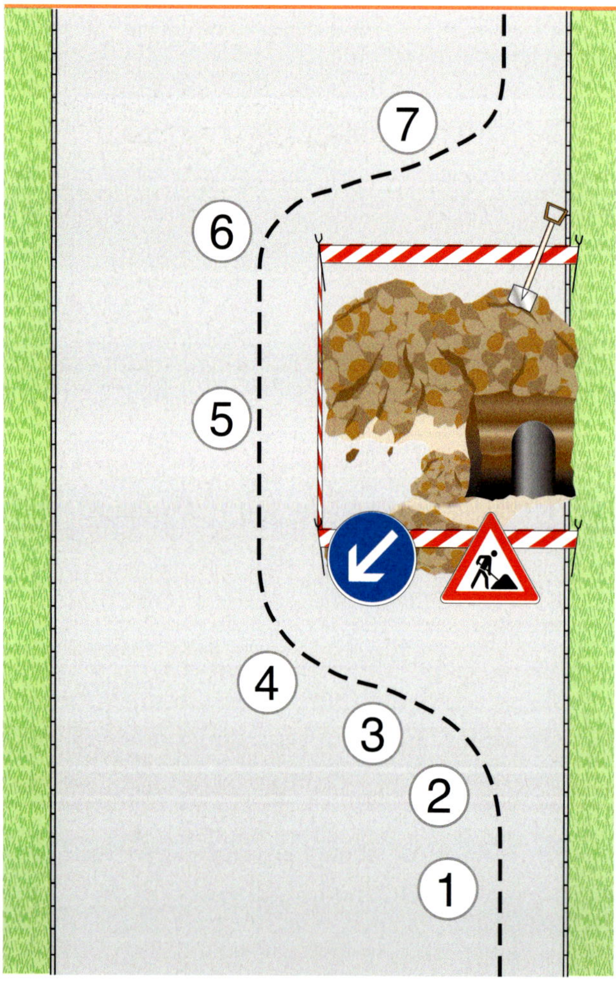

Schreibe zu den Ziffern den richtigen Text.

Nach links abbiegen

Die Vorfahrtregeln musst du besonders dann beachten, wenn du nach links abbiegen willst.

An Kreuzungen ohne Fahrstreifen oder Ampelanlagen musst du sehr vorsichtig sein.

1. umsehen
2. Handzeichen geben
3. einordnen
4. Vorfahrt beachten
5. Gegenverkehr vorbeilassen
6. noch einmal umsehen
7. im großen Bogen links abbiegen
8. rechts weiterfahren, dabei auf Fußgänger achten

Schreibe die Ziffern an die richtige Stelle.

Nach links abbiegen mit Fahrbahnmarkierung

Achtung, ordne dich rechtzeitig auf die Linksabbiegerspur ein. Hier musst du als Linksabbieger die linke Fahrbahnspur benutzen. Dabei musst du immer auf der rechten Seite der Spur fahren.

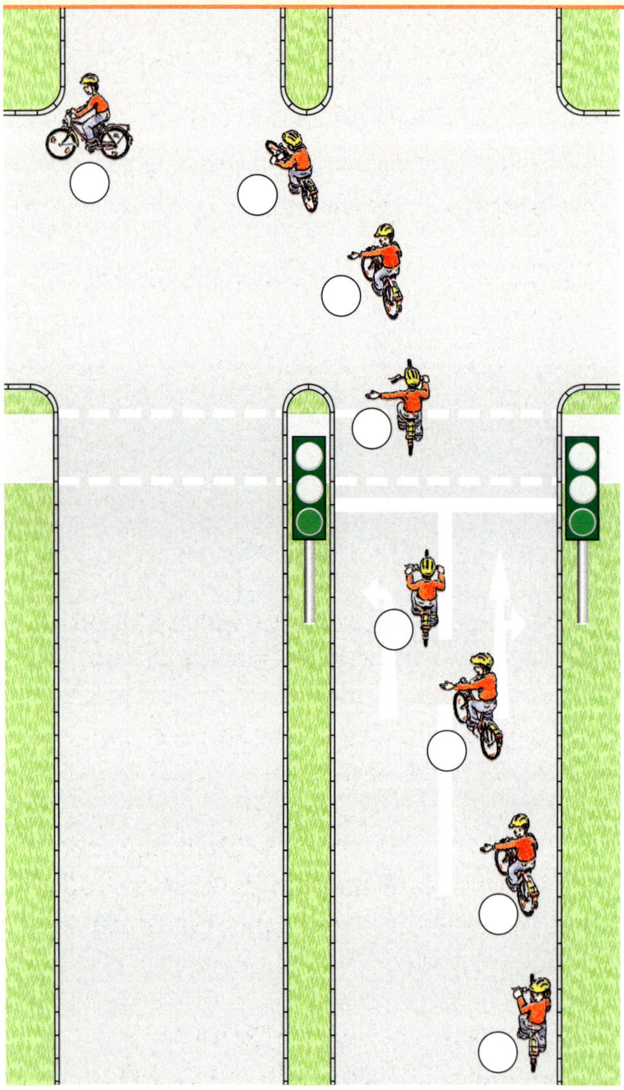

1. umsehen
2. Handzeichen geben
3. auf die Linksabbiegerspur einordnen
4. grünes Ampelzeichen abwarten
5. Gegenverkehr vorbeilassen
6. umsehen
7. im großen Bogen links abbiegen
8. rechts weiterfahren, dabei auf Fußgänger achten

Trage die Ziffern richtig ein.

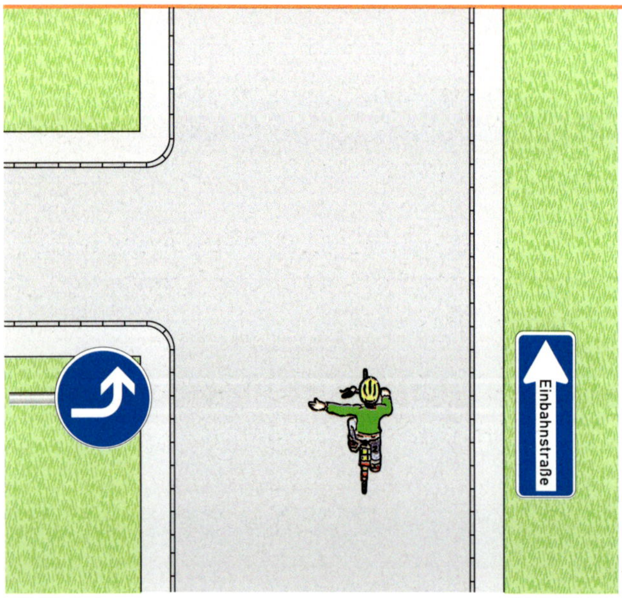

- ☐ Du musst dich links am Fahrbahnrand einordnen, wenn du nach links abbiegen willst.
- ☐ In schmalen Einbahnstraßen kannst du dich rechts am Fahrbahnrand einordnen, wenn du nach links abbiegen willst.
- ☐ In breiteren Einbahnstraßen musst du dich in der Mitte der Fahrbahn einordnen, wenn du nach links abbiegen willst.

Nach links abbiegen

Es gibt verschiedene Möglichkeiten, als Radfahrer nach links abzubiegen.

Manchmal ist es sicherer, sich zeitweise wie ein Fußgänger zu bewegen.

- ☐ Wenn du nach links abbiegen willst, kannst du dich am linken Fahrbahnrand einordnen.
- ☐ Du musst Fahrzeugen von rechts die Vorfahrt gewähren.
- ☐ Du musst den Gegenverkehr beachten.

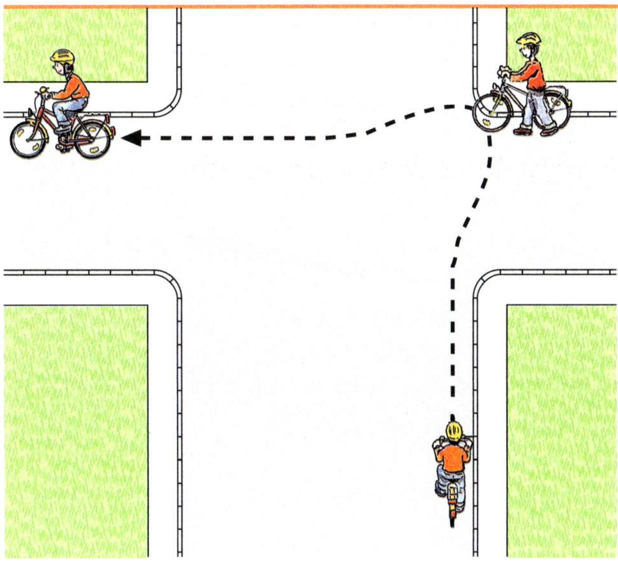

- ☐ Du musst dich nicht zur Fahrbahnmitte einordnen, denn das ist nicht Pflicht.
- ☐ Du musst Fahrzeugen von rechts die Vorfahrt gewähren.
- ☐ Du steigst an der gegenüberliegenden Fahrbahnseite ab und stellst dein Rad in die neue Fahrtrichtung, bevor du weiterfährst.
- ☐ Wenn viel Verkehr ist, kannst du absteigen und das Fahrrad schieben.

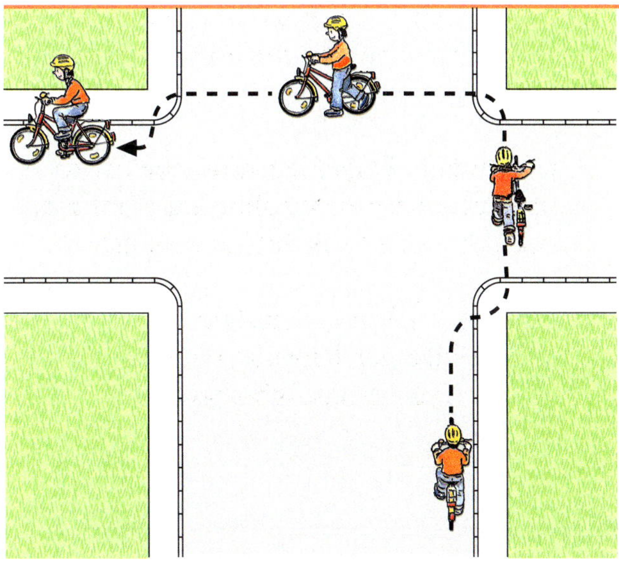

- ☐ Du kannst absteigen und dein Fahrrad schieben. Dann gehst du als Fußgänger über die Kreuzung.
- ☐ Erst wenn du beide Straßen überquert hast, darfst du wieder aufsteigen und weiterfahren.
- ☐ Wenn wenig Verkehr ist, darfst du auch auf dem Fußweg fahren.

Vorfahrtregelnde Verkehrszeichen

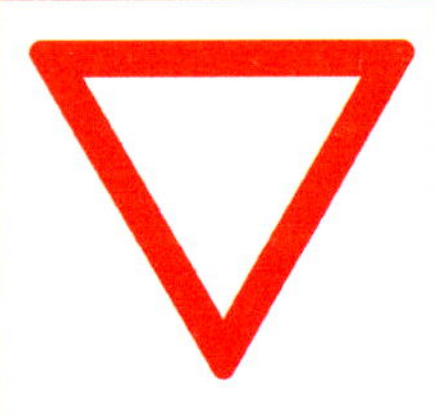

Vorfahrt gewähren!

Vor Kreuzungen oder Einmündungen kann das Schild „Vorfahrt gewähren!“ stehen. Vorfahrt haben dann alle Fahrzeuge, die quer zu dieser Straße fahren.

Vorfahrtstraße

Am Anfang der Vorfahrtstraße und dann an jeder Kreuzung oder Einmündung steht das Schild „Vorfahrtstraße“. Es gibt Vorfahrt, bis es durch das Zeichen „Ende der Vorfahrtstraße“ aufgehoben wird.

- ☐ Das Schild „Vorfahrt gewähren!“ gilt nur für Radfahrer.
- ☐ Das Schild „Vorfahrt gewähren!“ gilt für alle Fahrzeuge.
- ☐ Am Schild „Vorfahrt gewähren!“ müssen Radfahrer anhalten und einen Fuß auf die Fahrbahn setzen.
- ☐ Der Autofahrer hat hier Vorfahrt.
- ☐ Der Radfahrer hat hier Vorfahrt.

- ☐ Das Schild „Vorfahrtstraße“ gilt nur für Autofahrer.
- ☐ Das Schild „Vorfahrtstraße“ gilt für alle Fahrzeuge.
- ☐ Der Radfahrer hat hier Vorfahrt.
- ☐ Die Autofahrer haben hier Vorfahrt.
- ☐ Der Autofahrer, der von rechts kommt, hat hier Vorfahrt.

Vorfahrtregelnde Verkehrszeichen

Halt! Vorfahrt gewähren!

Dieses Schild an Kreuzungen oder Einmündungen bedeutet: Unbedingt an der Haltlinie anhalten! Der quer vorbeifahrende Verkehr hat immer Vorfahrt!

Vorfahrt

Vor Kreuzungen oder Einmündungen kann dieses Schild stehen. Es gibt Vorfahrt nur an der nächsten Kreuzung oder Einmündung.

- [ ] Das Stoppschild bedeutet:
  Hier müssen alle Fahrzeuge anhalten.
  Radfahrer müssen einen Fuß auf die Fahrbahn stellen.
- [ ] Der Radfahrer hat hier Vorfahrt.
- [ ] Der Motorradfahrer hat hier Vorfahrt.

- [ ] Das Schild „Vorfahrt“ gilt für alle Fahrzeuge.
- [ ] Der Radfahrer hat hier Vorfahrt.
- [ ] Beide Autos müssen Vorfahrt gewähren.
- [ ] Das Auto, das von rechts kommt, hat Vorfahrt.

Rechts vor links!

Beide Kinder wollen geradeaus gehen / fahren.

☐ Das Kind mit dem roten Pulli darf gehen / fahren.

☐ Das Kind mit dem grünen Pulli darf fahren / gehen.

An dieser Einmündung begegnen sich drei Fahrzeuge.

☐ Das Auto darf fahren.

☐ Der Radfahrer hat Vorfahrt und darf fahren.

☐ Der Motorradfahrer hat Vorfahrt und darf fahren.

Der Motorradfahrer hat ein Zeichen gegeben, dass er auf seine Vorfahrt verzichtet. In welcher Reihenfolge fahren die Verkehrsteilnehmer los?

◯ Radfahrer

◯ Motorradfahrer

◯ Lastwagenfahrer

◯ Autofahrer

Rechts vor links!

Dieses Schild bedeutet:
Kreuzung oder Einmündung mit Vorfahrt von rechts!

☐ Der Radfahrer hat Vorfahrt.

☐ Der Autofahrer hat Vorfahrt.

☐ Der Lastwagen hat Vorfahrt.

☐ Der Radfahrer hat Vorfahrt.

☐ Der Lastwagen hat Vorfahrt.

☐ Der Radfahrer hat Vorfahrt.

Besondere Vorfahrtregeln

Beginn des verkehrsberuhigten Bereichs

Ende des verkehrsberuhigten Bereichs

Innerhalb dieses Bereichs gilt:

- Fußgänger dürfen die Straße in ganzer Breite nutzen, Kinderspiele sind überall erlaubt,
- Fahrverkehr muss Schrittgeschwindigkeit fahren.

Wer den verkehrsberuhigten Bereich verlässt, ist absolut wartepflichtig.
Der Verkehr, der an dem verkehrsberuhigten Bereich vorbeifährt, hat immer Vorfahrt.

☐ Wenn du mit deinem Fahrrad den verkehrsberuhigten Bereich verlässt, dann gilt: Rechts vor links!

☐ Wenn du mit deinem Fahrrad den verkehrsberuhigten Bereich verlässt, dann gilt: Verkehrsteilnehmer von rechts und links haben Vorfahrt!

An einer verengten Fahrbahn:
Dem Gegenverkehr Vorrang gewähren.

An einer verengten Fahrbahn:
Vorrang vor dem Gegenverkehr.

☐ Hier hat der Radfahrer Vorfahrt. Das Auto muss warten.

☐ Hier hat der Autofahrer Vorfahrt. Der Radfahrer muss warten.

Verhalten gegenüber Fußgängern

Radfahrer müssen auf Fußgänger generell Rücksicht nehmen, weil sie schneller als Fußgänger sind. Das gilt besonders auf gemeinsamen Fuß- und Radwegen, im verkehrsberuhigten Bereich und an Haltestellen.

☐ Du klingelst, um auf dich aufmerksam zu machen, und fährst einfach weiter.

☐ Du bremst und hältst an. Du fährst erst weiter, wenn der Radweg frei ist.

☐ Radfahrer haben hier grundsätzlich Vorrang, weil sie schneller sind.

☐ Als Radfahrer musst du auf Fußgänger Rücksicht nehmen.

☐ Du darfst nicht schneller als Schrittgeschwindigkeit fahren.

☐ Dein Fahrrad ist ein Spielgerät. Im verkehrsberuhigten Bereich brauchst du deshalb auf andere Verkehrsteilnehmer keine Rücksicht zu nehmen.

Sicherheitsabstände

In den Verkehrsregeln ist festgelegt, dass der Abstand zu einem vorausfahrenden Fahrzeug ausreichend sein muss. Er muss so groß sein, dass man plötzlich bremsen und gefahrlos anhalten kann.

Für Radfahrer sollte der Sicherheitsabstand drei Radlängen und der seitliche Abstand zur Bordsteinkante oder zu anderen Verkehrsteilnehmern etwa einen Meter betragen.

☐ Sicherheitsabstand ist notwendig, weil Auffahrunfälle so vermieden werden können.

☐ Sicherheitsabstand ist notwendig, weil es unvorhersehbare Verkehrssituationen gibt. Dann muss man plötzlich bremsen können.

☐ Bei parkenden Fahrzeugen ist der seitliche Sicherheitsabstand notwendig, weil sich die Autotür plötzlich öffnen könnte.

☐ Bei parkenden Fahrzeugen ist der seitliche Sicherheitsabstand notwendig, weil das Fahrzeug plötzlich anfahren könnte.

☐ Bei parkenden Fahrzeugen ist der seitliche Sicherheitsabstand notwendig, weil vor dem Fahrzeug jemand die Straße überqueren könnte.

Der „tote Winkel“

Autofahrer können von ihrem Platz aus in manchen Bereichen nicht alles überblicken. Diesen Bereich nennt man „toter Winkel“.

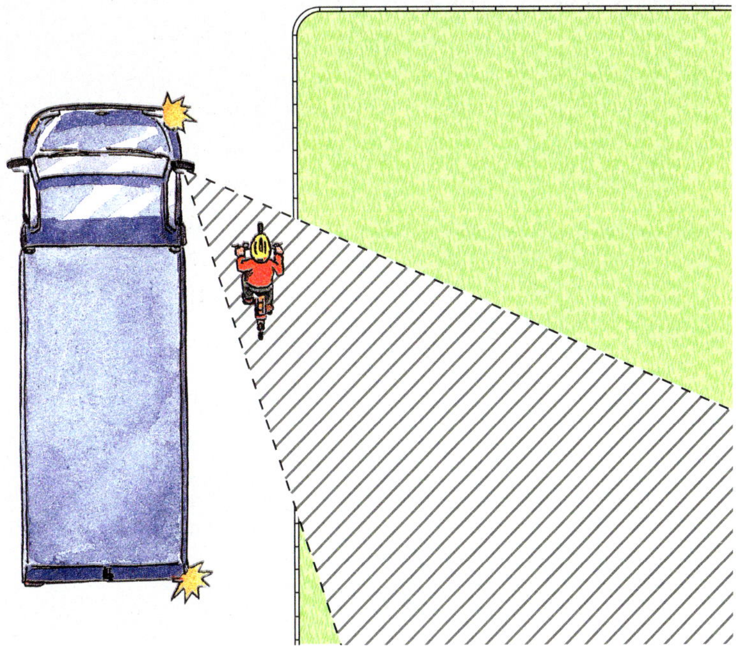

Auf dem Bild befindet der Radfahrer im „toten Winkel“.

Achtung!
Hier besteht für den Radfahrer große Gefahr.

Färbe die schraffierte Fläche rot.

Hier sind weitere Bereiche für „tote Winkel“.

Färbe die schraffierten Flächen mit einem roten Stift.

Achtung! Gefährliche Situationen!

Im Rückspiegel können Autofahrer den nachfolgenden Verkehr beobachten. Es gibt aber einen Bereich, der im Rückspiegel nicht abgebildet wird. Diesen Bereich nennt man den „toten Winkel“.

Nimm einen Taschenspiegel und stell dich vor eine Schülergruppe. Beobachte die Gruppe im Spiegel. Probiere aus, aus welcher Entfernung du alle Schüler im Spiegel siehst. Was geschieht, wenn du näher kommst?

- ☐ Der Lastwagen will nach rechts abbiegen. Da du deine Fahrtrichtung nicht änderst, kannst du unbesorgt weiterfahren.
- ☐ Du erkennst die Gefahr im „toten Winkel“ zu sein und wartest, bis der Lastwagen abgebogen ist.

- ☐ Der seitliche Sicherheitsabstand ist zu gering. Du fährst vorsichtig an den haltenden Autos vorbei.
- ☐ Du hältst hinter den Autos an, weil der seitliche Sicherheits-abstand zu gering ist.

- ☐ Das Auto will nach rechts abbiegen. Da du auf dem Radweg deine Fahrtrichtung nicht änderst, kannst du unbesorgt weiterfahren.
- ☐ Du rechnest damit, dass der Autofahrer dich nicht sieht. Du wartest, bis das Auto abgebogen ist.

Im Kreisverkehr

In den Kreisverkehr muss ich immer nach rechts einfahren. Als Radfahrer muss ich auf der rechten Straßenseite fahren, auch im Kreis. Beim Einbiegen in den Kreis hat der Verkehr, der innerhalb des Kreises fährt, Vorfahrt.

Kreisverkehr

Das Schild „Kreisverkehr“ steht unter dem Schild „Vorfahrt gewähren!“.

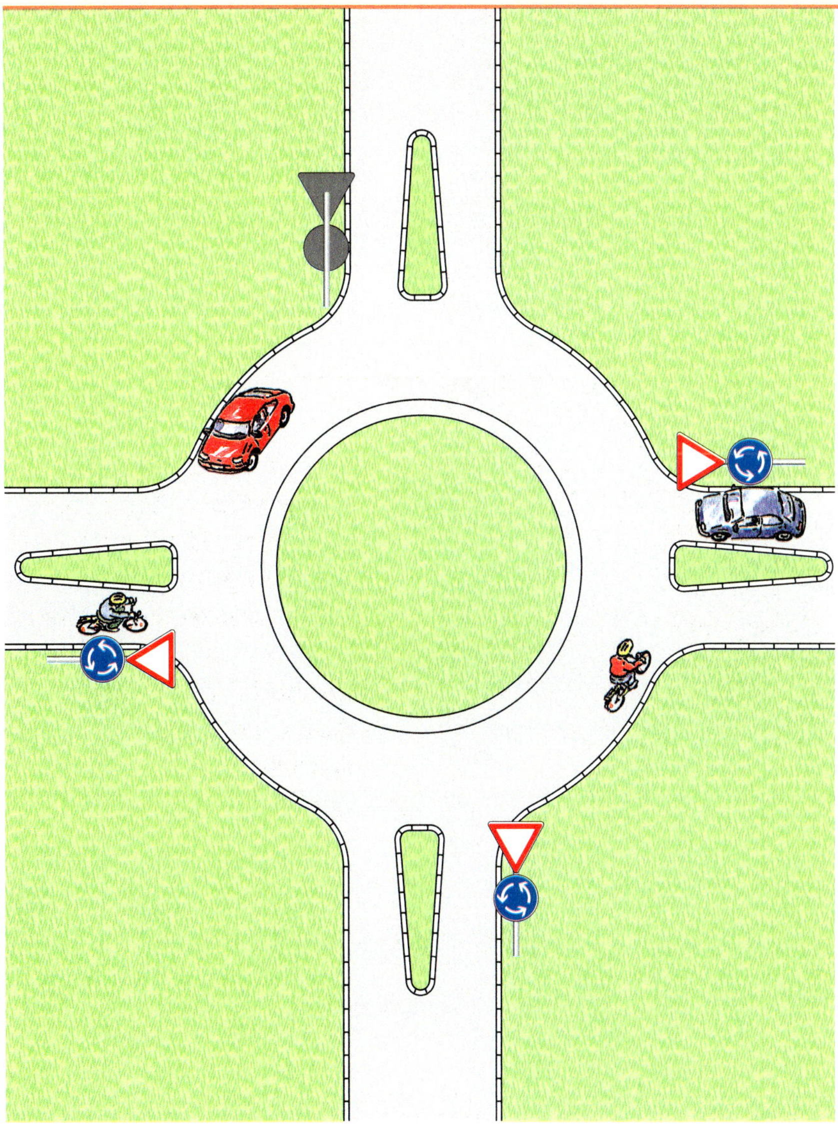

- [ ] roter Radfahrer
- [ ] blaues Auto
- [ ] blauer Radfahrer
- [ ] rotes Auto

Wer hat Vorfahrt?
Kreuze an.

Kreisverkehr mit Fahrradweg

Wenn ein Fahrradweg um den Kreisel führt, musst du diesen benutzen.

Auch diesen Fahrradweg darfst du nur rechts herum einfahren. Achte dabei besonders auf die Vorfahrtregeln.

- ☐ Der Radfahrer auf dem Radweg hat Vorfahrt, weil er die Fahrtrichtung beibehält.
- ☐ Der Radfahrer auf dem Radweg muss dem Auto Vorfahrt gewähren.
- ☐ Der Autofahrer im Kreisel hat Vorfahrt.

Einbahnstraßen

Einbahnstraßen dürfen nur in der angegebenen Richtung befahren werden.

Das Einfahren entgegen der Einbahnstraße ist durch dieses Vorschriftzeichen für alle Fahrzeuge untersagt.

Einzelne Einbahnstraßen sind für den Gegenverkehr durch Radfahrer freigegeben. Das sagt dieses Zusatzschild.

Radfahrer dürfen eine Einbahnstraße in entgegengesetzter Richtung benutzen, …

- ☐ wenn die Einbahnstraße durch ein Zusatzschild freigegeben ist.
- ☐ wenn keine Autos entgegenkommen.
- ☐ wenn die Straße breit genug ist.

- ☐ Hier darf man hineinfahren, wenn man höchstens zwei Häuser weiter wohnt.
- ☐ Hier muss man das Fahrrad auf dem Fußweg schieben.

Abknickende Vorfahrt

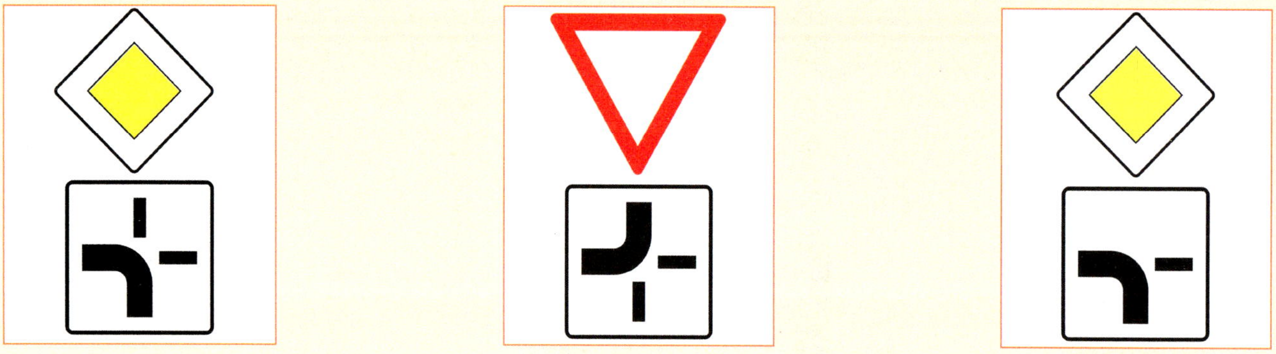

Unter den Vorfahrt regelnden Zeichen können Zusatzschilder den Verlauf der Vorfahrtstraße anzeigen. Abknickende Vorfahrt: Der breite, schwarze Bogen zeigt den Verlauf an.

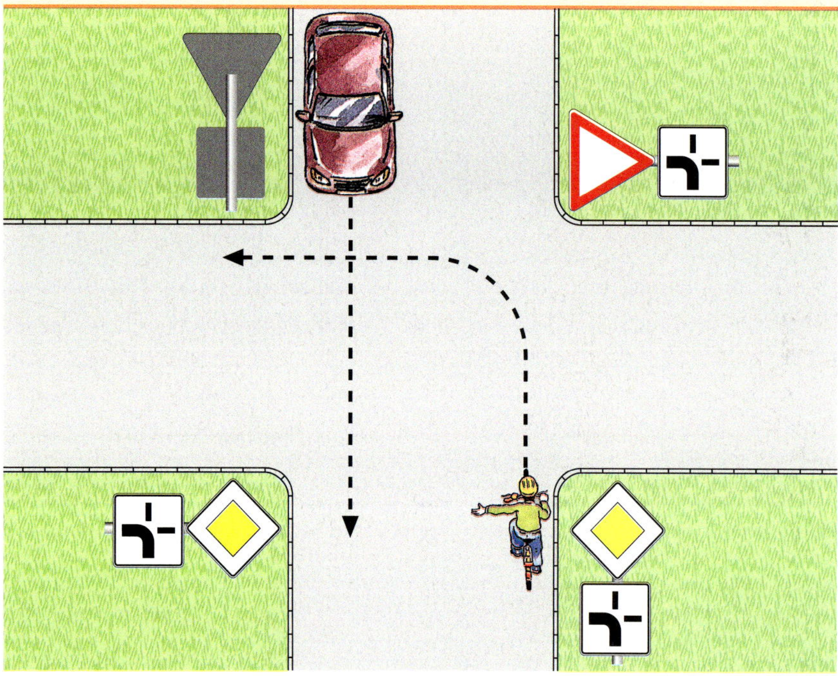

☐ Der Autofahrer hat Vorfahrt.

☐ Der Radfahrer hat Vorfahrt.

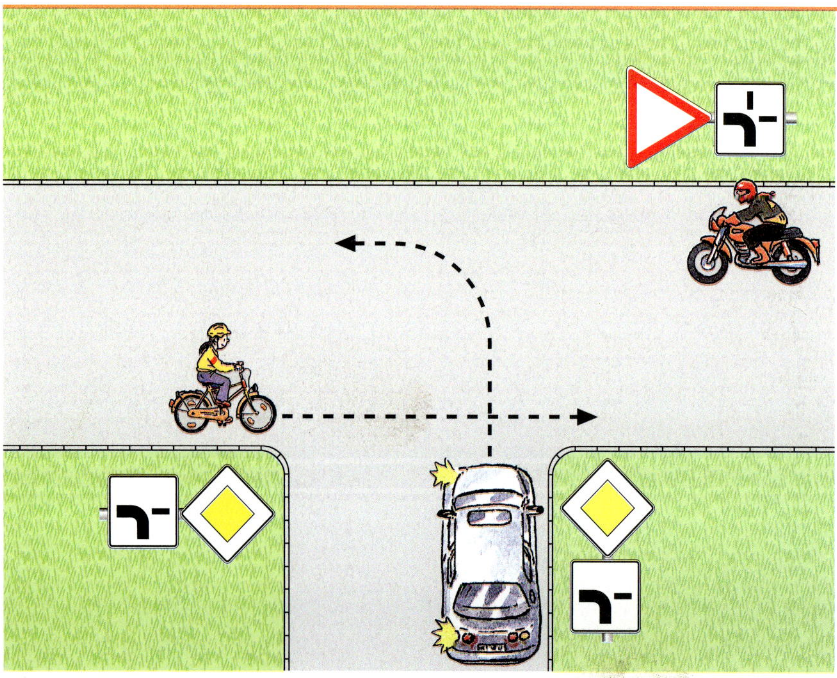

☐ Der Autofahrer hat Vorfahrt.

☐ Der Radfahrer hat Vorfahrt.

☐ Der Motorradfahrer hat Vorfahrt.

Abknickende Vorfahrt

Unter den Vorfahrt regelnden Zeichen können Zusatzschilder den Verlauf der Vorfahrtstraße anzeigen. Abknickende Vorfahrt: Der breite, schwarze Bogen zeigt den Verlauf an.

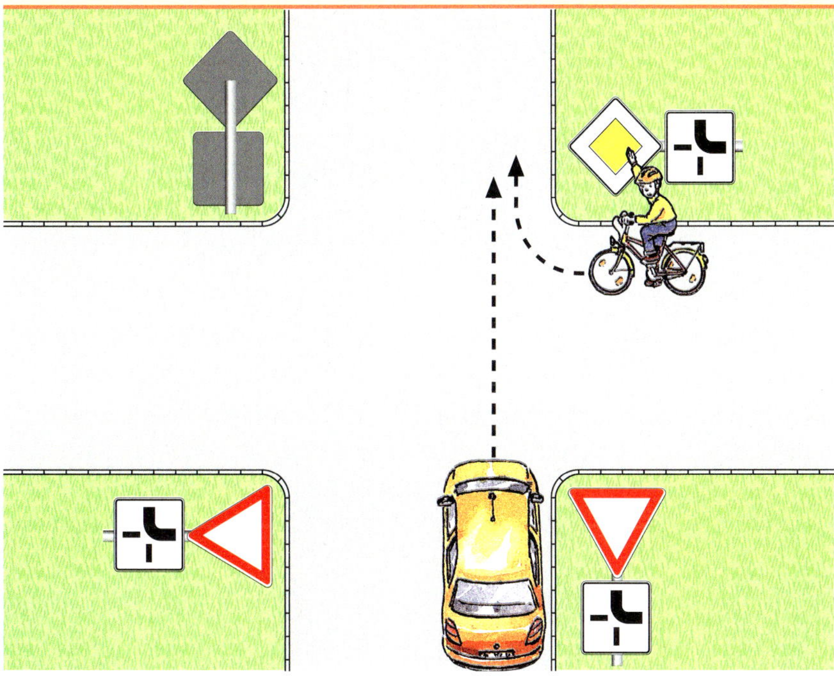

☐ Der Autofahrer hat Vorfahrt.

☐ Der Radfahrer hat Vorfahrt.

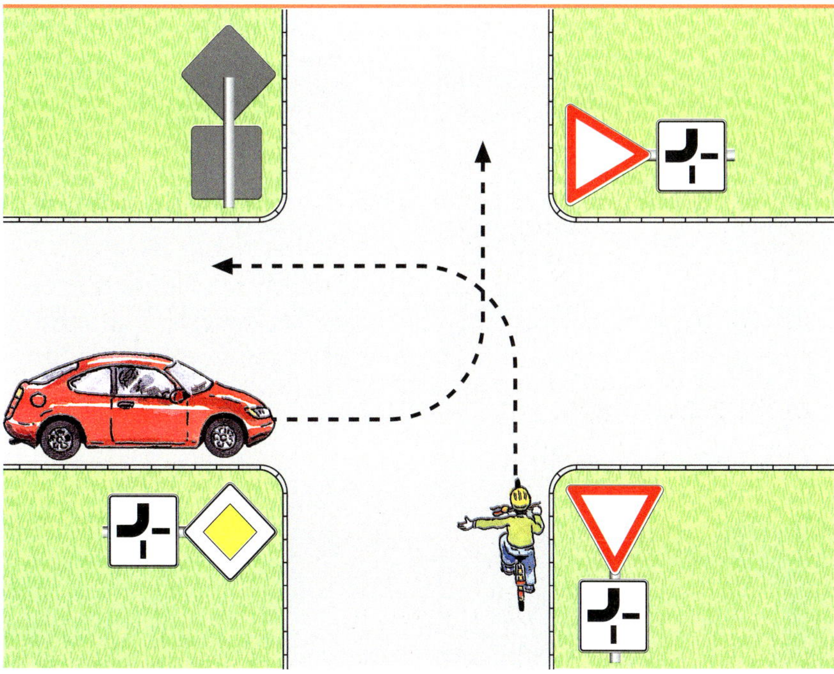

☐ Der Autofahrer hat Vorfahrt.

☐ Der Radfahrer hat Vorfahrt.

Getrennte Radwege und Fußwege

Fußgänger

Radfahrer

getrennter Radweg und Fußweg

Radfahrer und Fußgänger müssen die für sie bestimmten Sonderwege benutzen. Nebeneinander liegende Radwege und Fußwege sind oft durch eine weiße Linie voneinander getrennt.

☐ Radfahrer und Fußgänger dürfen den Weg gemeinsam benutzen.

☐ Radfahrer müssen den Radweg benutzen, Fußgänger den Fußweg. Rad- und Fußweg sind getrennt.

☐ Der Radweg endet hier. Radfahrer, die geradeaus weiterfahren wollen, müssen die Straße benutzen.

☐ Der Radweg endet hier. Radfahrer, die geradeaus weiter wollen, müssen absteigen und das Rad schieben.

Gemeinsame Radwege und Fußwege

Fußgänger

Radfahrer

gemeinsamer Fußweg und Radweg

Radfahrer und Fußgänger müssen die für sie bestimmten Sonderwege benutzen. Auf einem gemeinsamen Radweg und Fußweg haben Radfahrer auf die Fußgänger Rücksicht zu nehmen.

☐ Fußgänger und Radfahrer dürfen diesen Weg gemeinsam benutzen.

☐ Hier dürfen Radfahrer den gemeinsamen Weg auch gegen die Fahrtrichtung benutzen.

☐ Der Fußweg ist durch das Zusatzschild auch für Radfahrer freigegeben.

☐ Hier dürfen Radfahrer den Fußweg auch gegen die Fahrtrichtung benutzen.

Achtung! Radfahrer, die entgegen der Fahrtrichtung auf dem Radweg fahren, werden oft an Einmündungen von Autofahrern übersehen.

Vorsicht bei verschmutzter Fahrbahn!

Regen und Schnee lassen die gewohnten Wege rutschig und gefährlich werden. Dies gilt auch, wenn Laub oder Sand auf der Fahrbahn liegt.

Auch verschmutzte Fahrbahnen und Split in den Kurven können zu einer Gefahr werden. Das Vorderrad rutscht dann weg und der Bremsweg verlängert sich.

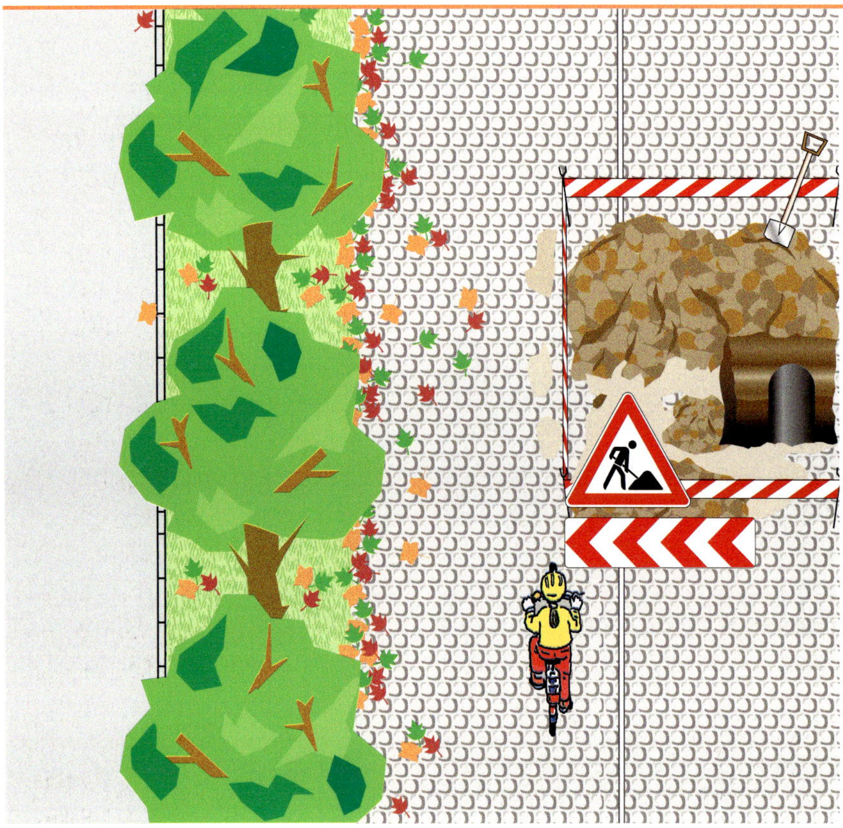

Die Baustelle auf dem Fußweg ragt in den Radweg hinein.

- ☐ Du glaubst, dein Fahrrad sicher zu beherrschen. Wie der Untergrund beschaffen ist, ist dir völlig egal.
- ☐ Du fährst langsam, aber mit ständigem Tritt an der Baustelle vorbei.
- ☐ Vor einer Baustelle steigst du grundsätzlich ab und schiebst dein Fahrrad.

- ☐ Du siehst das Warnschild. Es gilt aber nur für Autofahrer, deshalb musst du es nicht berücksichtigen.
- ☐ Du verringerst deutlich deine Geschwindigkeit und bist aufmerksam und bremsbereit.
- ☐ Split und abgeschnittenes Gras machen den Radweg rutschig. Deshalb fährst du besonders vorsichtig.

Helle Kleidung sieht man besser!

Kinder sind von anderen Verkehrsteilnehmern oft erst spät zu sehen, da sie klein sind.

Deshalb ist es wichtig, dass Kinder durch helle oder kontrastreiche Kleidung im Straßenverkehr auf sich aufmerksam machen.

☐ Bei schlechten Sichtverhältnissen fahre ich besonders vorsichtig.

☐ Bei sehr schlechten Sichtverhältnissen lasse ich mein Rad stehen.

☐ Bei Regenwetter achte ich besonders auf die richtige Kleidung.

☐ Bei Dunkelheit achte ich auf gut sichtbare Kleidung.

☐ Bei Dunkelheit lasse ich mein Rad immer stehen.

☐ Bei Dunkelheit befestige ich Blinkis an meiner Kleidung.

☐ Bei Nebelwetter ziehe ich besonders auffällige Kleidung an.

☐ Bei Nebelwetter ist helle Kleidung schlecht zu sehen.

Verhalten bei besonderen Anlässen

Manchmal ist es besser sein Fahrrad zu schieben. Das kann bei Dunkelheit sein, wenn das Licht nicht brennt.

Aber auch bei besonderen Anlässen ist es ratsam, vom Fahrrad abzusteigen und es zu schieben.

- ☐ Bei schlechtem Wetter fahre ich besonders vorsichtig.
- ☐ Bei starkem Wind schiebe ich mein Fahrrad.
- ☐ Bei Sturm lasse ich mein Fahrrad stehen.

- ☐ Schultaschen und Turnbeutel sollten nur auf dem Gepäckträger oder in einem Fahrradkorb transportiert werden.
- ☐ Den Turnbeutel kann ich ohne Gefahren am Lenker transportieren.

- ☐ Vor Hindernissen auf der Fahrbahn sollte man lieber absteigen und das Fahrrad schieben.
- ☐ Hindernisse auf der Fahrbahn kannst du umfahren, wenn du den nachfolgenden und den entgegenkommenden Verkehr beachtest.

Straßenverkehr und Umwelt

Wir sind alle aufgefordert, die Umwelt zu schonen. Jeder kann dazu seinen Beitrag leisten.

Wer auf kurzen Strecken das Fahrrad benutzt und das Auto stehen lässt, verringert die Schadstoffe in der Luft.

☐ Autos verbrennen Kraftstoff. Dabei entstehen Abgase, die die Luft verschmutzen.

☐ Alle Motoren machen Lärm. Beim Bremsen und Anfahren sind Autos besonders laut.

☐ In der Stadt leiden viele Menschen unter dem Straßenverkehr.

☐ Wenn mehr Menschen vom eigenen Kraftfahrzeug auf öffentliche Verkehrsmittel umsteigen würden, gäbe es weniger Staus auf den Straßen.

☐ Ein voll besetzter Bus braucht weniger Kraftstoff als Autos, die die gleiche Anzahl Personen befördern.

☐ Radfahrer benötigen keinen Kraftstoff. Sie schonen die Umwelt und stärken ihre Gesundheit.

Lichtzeichen regeln den Verkehr

Die Farben der Ampeln sind festgelegt und bedeuten immer dasselbe. Sie regeln den Verkehr an viel befahrenen Kreuzungen, an Einmündungen und an Überwegen für Radfahrer und Fußgänger.

Manchmal fallen Ampeln aus und Polizeibeamte regeln den Verkehr. Ihre Anweisungen gelten vor allen anderen Zeichen.
Sie müssen von allen Verkehrsteilnehmern beachtet und befolgt werden.

Verkehr freigegeben	Halt vor der Kreuzung, auf das nächste Zeichen warten! *oder* Kreuzung räumen!	Halt!	Vorbereiten zur Anfahrt	Verkehr freigegeben

Halt vor der Kreuzung, auf das nächste Zeichen warten!
oder
Kreuzung räumen!

Halt!

Verkehr freigegeben